T/CAGHP 018—2018

目　次

前言 ·· Ⅲ
引言 ·· Ⅳ
1 范围 ··· 1
2 规范性引用文件 ··· 1
3 术语和定义 ··· 1
4 总则 ··· 3
　4.1 监测目的 ·· 3
　4.2 监测内容 ·· 3
　4.3 监测等级 ·· 3
　4.4 监测频次 ·· 4
　4.5 精度要求与仪器选用 ·· 4
　4.6 扫描监测作业流程 ··· 5
5 技术准备 ·· 6
　5.1 资料准备 ·· 6
　5.2 现场调查 ·· 6
　5.3 技术设计 ·· 7
　5.4 仪器设备的检校 ·· 7
　5.5 作业前检查 ·· 7
6 现场作业 ·· 7
　6.1 一般规定 ·· 7
　6.2 扫描测站布设 ··· 8
　6.3 标靶布设 ·· 8
7 数据采集 ·· 9
　7.1 点云数据采集 ··· 9
　7.2 纹理图像采集 ··· 9
　7.3 漏洞补测 ··· 10
8 点云数据处理 ·· 10
　8.1 降噪和编辑 ··· 10
　8.2 拼接与坐标转换 ·· 10
　8.3 纹理映射 ·· 10
　8.4 数据分类 ·· 10
　8.5 数据精简 ·· 11
　8.6 数据建模 ·· 11
　8.7 多期三维数据模型叠加 ·· 11

I

9 监测成果制作与分析	11
9.1 监测成果制作	11
9.2 监测资料分析	12
10 监测报告编制	13
10.1 一般规定	13
10.2 编制要求	13
11 质量控制	13
11.1 质量控制要求	13
11.2 质量检查内容	13
12 成果归档	14
12.1 成果归档要求	14
12.2 成果归档内容	14
附录 A（资料性附录） 崩塌、滑坡变形阶段的确定	15
附录 B（规范性附录） 地面三维激光扫描监测技术设计书编写提纲	16
附录 C（规范性附录） 地面三维激光扫描监测手簿	18
附录 D（资料性附录） 地面三维激光扫描观测点类型结构图	19
附录 E（资料性附录） 地面三维激光扫描监测标靶类型	21
附录 F（规范性附录） 地质灾害监测标靶网形布置	22
附录 G（规范性附录） 地面三维激光扫描监测报告编制内容	23

前　言

本规程按照 GB/T 1.1—2009《标准化工作导则　第 1 部分：标准的结构和编写》给出的规则起草。

本规程附录 A、D、E 为资料性附录，B、C、F、G 为规范性附录。

本规程由中国地质灾害防治工程行业协会提出并归口。

本规程主要编制单位：中国电建集团西北勘测设计研究院有限公司。

本规程参加编制单位：成都理工大学、长安大学、北京中地华安地质勘查有限公司、中国地质调查局水文地质环境地质调查中心。

本规程主要起草人：赵志祥、吕宝雄、董秀军、王有林、隋立春、王洪德、赵悦、颜宇森、裴向军、田运涛、唐兴江、高姣姣、李为乐、王小兵、朱剑锋。

本规程由中国地质灾害防治工程行业协会负责解释。

引 言

本规程由中国地质灾害防治工程行业协会负责管理，由主编单位负责具体技术内容的解释。根据《国土资源部关于编制和修订地质灾害防治行业标准工作的公告》（国土资源部公告 2013 年第 3 号）的要求，为规范地面三维激光扫描技术在地质灾害监测中获取崩塌和滑坡表面变形信息的作业方法与技术要求、保证监测数据精度和成果质量、提高新技术在地质灾害监测中的应用水平，特制定本规程。

地质灾害地面三维激光扫描监测技术规程(试行)

1 范围

本规程适用于植被覆盖率小于60%、地表坡度大于15°的崩塌、滑坡等地质灾害类型的地表变形监测。对于地裂缝、地面沉降、地面塌陷、泥石流以及应急抢险等地质灾害的变形监测经技术方案论证后可参考使用。

本规程对地质灾害地面三维激光扫描监测数据的获取方法、监测等级、频次、精度等进行了规定,并对监测成果的制作与分析内容提出了具体要求。

2 规范性引用文件

下列文件对于本规程的应用是必不可少的。凡是注日期的引用文件,仅所注日期的版本适用于本规程。凡是不注日期的引用文件,其最新版本(包括所有的修改单)适用于本规程。

GB/T 18316　数字测绘成果质量检查与验收
CH/Z 3017　地面三维激光扫描作业技术规程
DZ/T 0221　崩塌、滑坡、泥石流监测规范
JJF 1406　地面激光扫描仪校准规范

3 术语和定义

下列术语和定义适用于本规程。

3.1
地面三维激光扫描技术 terrestrial three dimensional laser scanning technology

基于地面固定站的一种通过发射激光获取地质灾害体表面三维坐标、反射强度等多种信息的非接触式主动测量技术。

3.2
扫描监测 scan monitoring

利用地面三维激光扫描技术,对地质灾害在一定时段内完成的周期性测量工作。

3.3
扫描测站 scan station

用于架设地面三维激光扫描系统的观测点。

3.4
标靶 target

扫描过程中用于定位和定向的参考标志。按用途分为基准标靶和监测标靶。

3.5

基准标靶 reference target

固定安置在非变形区域内用于扫描定向和数据拼接的定位和参考标志。

3.6

监测标靶 test target

安置在地质灾害上用于监测地表变形的标志。

3.7

点云 point cloud

地质灾害表面高密度三维坐标点的集合。

3.8

点云间距 distance between points

点云数据表面相邻两点之间的距离。包括采样点间距和精简点云密度间距。

3.9

激光有效距离 effective ranging of the laser

激光扫描仪主动发射激光到接收有效返回信号之间的距离。

3.10

点云降噪 point cloud denoising

剔除扫描监测过程中由于人为或者随机因素所产生的噪声点的过程。

3.11

点云拼接 point cloud registration

通过坐标转换将不同测站和坐标系统中的点云数据统一到指定坐标系统的过程。也称为点云配准、点云定向等。

3.12

点云精简 Point cloud resampling

将采集的点云数据经过预处理后通过精简算法来减小点云数量的过程。也称为点云数据重采样。

3.13

纹理映射 Texture mapping

将纹理像素信息映射到点云或模型空间上的过程。

3.14 **绝对位移 relative displacement**

地质灾害上的监测标靶或地面特征点相对于其外部的基准标靶的三维坐标(X、Y、Z)位移量、位移方向和位移速率的量值。

3.15 **相对位移 absolute displacement**

地质灾害上变形部位的点与点之间的时间或空间的相对位置变化,采用线、面(体)叠加数据所获取的同一剖面或同一区域变形特征的位移量。

3.16 **位移量曲线图 chart of displacement value and time**

根据扫描监测成果绘制的位移量与时间关系的曲线图。

4 总则

4.1 监测目的

4.1.1 通过扫描监测,掌握崩塌、滑坡变形方向、量级、速率等信息,为地质灾害防治方案的确定提供依据。

4.1.2 利用三维扫描监测数据,分析获取地质灾害体上点、线、面(体)多角度变形特征。

4.1.3 满足地质灾害防治工程施工期安全监测需要,保障施工安全。

4.1.4 掌握地质灾害治理工程的效果。

4.1.5 对不宜实施工程处理或临灾、危险的地质灾害,监测其动态变化,为预警预报、防止造成地质灾害的发生提供可靠资料。

4.2 监测内容

4.2.1 在已经发生过且可能再次发生崩塌、滑坡的地质灾害,建立地面监测系统。

4.2.2 采用地面三维激光扫描设备,对地质灾害地表变形进行连续或定期重复的测量工作,准确测定监测标靶点或地表特征点的三维坐标。

4.2.3 根据点云数据资料,分析地表变形监测标靶点和特征点的水平位移、垂直位移等动态变化,掌握地质灾害绝对位移、相对位移的量值和方向。

4.2.4 编制地质灾害地表变形地面三维激光扫描监测成果报告,并按要求归档。

4.3 监测等级

4.3.1 根据崩塌、滑坡体的稳定性以及地质灾害威胁或危害对象、直接威胁人数及潜在经济损失的大小,按表1对地质灾害险情进行等级划分。

表1 地质灾害险情等级划分

险情等级		大型	中型	小型
潜在经济损失/万元		>5 000	5 000~500	<500
直接威胁人数/人		>500	500~100	<100
危害对象	交通道路	客运专线,一、二级铁路,高速公路及省级以上公路	三级铁路、县级公路	铁路支线、乡村公路
	大江大河	大型以上水库、重大水利水电工程	中型水库、省级重要水利水电工程	小型水库、县级水利水电工程
	矿山	大型矿山	中型矿山	小型矿山
注:地质灾害险情等级界限值只要达到上一等级的下限即定为上一等级灾害,并按高等级划定灾害的险情级别。				

4.3.2 根据地质灾害危害等级和环境条件,确定适宜的地面三维激光扫描设备。

4.3.3 根据崩塌、滑坡地质灾害险情等级和变形阶段,按表2的要素将地质灾害扫描监测等级划分为三级。崩塌、滑坡变形阶段划分原则应符合附录A的规定。

表 2 崩塌、滑坡扫描监测等级划分

变形阶段	险情等级		
	险情大	险情中等	险情小
初始、等速变形阶段	一级	一级	二级
初加速变形阶段	一级	二级	二级
中加速变形阶段	二级	二级	三级
加加速变形阶段	二级	三级	三级

4.4 监测频次

应根据监测等级、变形特征、变形速率和环境气候条件等综合因素确定监测频次,并符合下列规定:

a) 初期监测应按监测等级连续监测 2 周~4 周,每周 1 次~2 次,累计监测不少于 3 次,确定地质灾害的变形阶段。

b) 对于初始、等速变形阶段的一级、二级的崩塌、滑坡监测,监测频次宜在雨期和旱期每年 2 次~3 次。

c) 初加速变形阶段的一级地质灾害扫描监测,宜每月 1 次,二级宜每季度 1 次;在雨期应加密监测;也可根据变形速率的变化适当调整监测频次。

d) 对中加速变形阶段的地质灾害扫描监测,一级宜每天 1 次,二级宜每周 1 次。

e) 对加加速变形阶段的地质灾害扫描监测,当变形速率加剧时每天 1 次或多次。临灾前应增加监测次数。

4.5 精度要求与仪器选用

4.5.1 本规程以中误差作为衡量扫描监测精度的标准。

4.5.2 对于地质灾害加速变形阶段扫描监测可适当放宽精度标准,以 2 倍中误差作为极限误差。

4.5.3 不同监测等级地面三维激光扫描监测成果制作精度应符合表 3 的要求。

表 3 扫描监测的精度要求

监测等级	点间距中误差/mm	模型点间距中误差/mm	水平位移中误差/mm	垂直位移中误差/mm
监测一级	≤±3	≤±3	≤±3	≤±2
监测二级	≤±5	≤±5	≤±5	≤±3
监测三级	≤±8	≤±8	≤±8	≤±5

注:监测中误差是相对点云数据表面相邻两点而言。

4.5.4 扫描仪的选择应符合下列要求:

a) 根据地质灾害的表面形态、地形条件和扫描距离,应选用适宜的地面三维激光扫描设备。所选扫描设备主要参数和技术性能应按表 4 规定进行选取。

表 4 地面三维激光扫描监测主要技术参数要求

监测等级	仪器等级精度					水平、垂直扫描角度范围/(°)
	角度分辨率/μrad	标称测距中误差/mm@m	标称点位中误差/mm@m	激光发散度/μrad	有效点云范围	
一级	≤30	≤±2@D	≤±3@D	≤350	≤D 且 ≤1/2S	−40～+40
二级	≤50	≤±5@D	≤±8@D	≤500	≤1.5D 且 ≤1/2S	−50～+50
三级	≤80	≤±8@D	≤±10@D	—	≤1/2S	−60～+60

注1：A@D，A 为扫描仪的标称测距中误差或者点位中误差；D 为仪器标称精度的距离，通常指定为100 m；S 为仪器的标称测程。
注2：水平扫描角度范围是以扫描测站正对地质灾害为起始准轴零方向，分别向两侧的偏角。

b) 扫描设备应优先选用具有双轴补偿的扫描仪。
c) 在植被覆盖介于30%～60%的区域宜选用具有多回波技术的扫描仪。
d) 当扫描测站与地质灾害目标物距离大于1 000 m 时，应对设备性能、监测精度进行专门论证后方可使用。

4.5.5 地面三维激光扫描监测数据的采样点云间距应符合表5的规定。

表 5 监测等级、目标距离与采样点云间距要求　　　　　　　　　　　（mm）

监测等级	目标体距离/m			
	≤300	300～600	600～1 000	≥1 000
一级	≤4	≤6	≤10	/
二级	≤6	≤8	≤12	≤15
三级	≤8	≤10	≤15	≤20

4.5.6 地面三维激光扫描监测数据后处理点云精简间距应符合表6的规定。

表 6 点云精简间距要求

监测等级	点云精简间距/mm
一级	≤20
二级	≤30
三级	≤45

4.6 扫描监测作业流程

4.6.1 地质灾害地面三维激光扫描监测作业步骤应按图1流程进行。
4.6.2 地质灾害地面三维激光扫描监测总体工作步骤应包括任务接收、资料收集及分析、现场踏勘、技术设计、仪器和软件的准备与检查、标靶布设、数据采集、点云配准、数据处理、纹理映射、模型构建、数据提取、成果制作、质量控制与成果归档。
4.6.3 可在已有的大比例尺地形图及地面调查的基础上开展地面三维激光扫描监测工作。
4.6.4 作业前应编写技术设计书，作业过程应进行质量控制，作业完成后应编写技术总结报告。
4.6.5 重大项目技术设计方案应通过设计论证，扫描监测成果应通过审查。

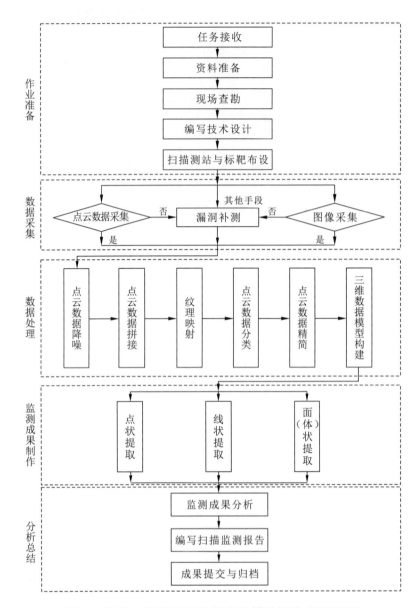

图 1　地质灾害地面三维激光扫描监测作业流程图

5　技术准备

5.1　资料准备

作业前应收集下列资料：

a) 地质灾害环境、灾害发育程度、稳定性分析等相关地质资料。
b) 地质灾害外围稳固区的控制点成果。
c) 1∶500～1∶5 000大比例尺地形图、数字高程模型、数字正射影像图等测量资料。
d) 已有监测成果资料。

5.2　现场调查

现场调查的主要任务：

a) 地质灾害地形地貌、地质条件、监测环境及交通状况。
b) 地面坡度、植被覆盖率及分类。
c) 地质灾害范围大小、发育形态、分区特征、形成机理、稳定状况及威胁对象。
d) 利用已有资料,规划作业线路及扫描监测站与标靶布设方案。

5.3 技术设计

5.3.1 技术设计书的编写应在明确监测范围、监测等级、扫描监测环境等基础上进行。

5.3.2 技术设计书的主要内容应包括概述、自然地理、已有地质灾害相关资料、引用文件及作业依据、仪器和软件选择、监测等级及精度指标、扫描测站及标靶设计、作业线路规划、监测方案制定、作业人员配置等。

5.3.3 地面三维激光扫描监测技术设计书编写提纲内容可按附录 B 执行。

5.4 仪器设备的检校

5.4.1 地面三维激光扫描仪及其设备应在检定有效期内开展扫描监测工作。

5.4.2 扫描设备受到意外损伤、强烈撞击等维修后,或部件更换后,应送国家计量部门进行检定。

5.5 作业前检查

5.5.1 扫描仪及设备检查应符合下列规定:
a) 应检视扫描仪外观完好、型号正确、螺旋紧固。
b) 应检查指示灯、按键和显示系统正常通电。
c) 带有安平、定向功能的设备应对置平水准器、激光或光学对中器及仪高量尺完好性和尽长精度正确性进行检查。

5.5.2 辅助设备检查应符合下列规定:
a) 定期标定外置固定相机与主机位置的几何关系,更新校准参数。
b) 标靶在使用一定周期后应定期进行更换。

6 现场作业

6.1 一般规定

6.1.1 地质灾害地面三维激光扫描监测技术应遵循"定标靶、定测点、定设备、定方法、定环境条件"的"五固定"原则。

6.1.2 扫描范围和距离、采样点间距、图像采集、扫描频次等相关参数设置应一致或接近。

6.1.3 扫描监测作业时,应避开大风、冰雪、严寒、高温、风沙、扬尘、雾霾、降雨等恶劣天气。

6.1.4 严禁激光头近距离直接对准棱镜、强光、镜面玻璃、大面积荧光等强烈反射物体。

6.1.5 在高寒、极寒地区使用时,应适当采取保暖措施;在高温天气使用时,应避免阳光暴晒,适当采取遮阳等保护措施。

6.1.6 在扫描仪开机后,应预热和静置 3 min~5 min 再开始扫描。

6.1.7 扫描监测过程中,均应同期采集记录干温、湿温、气压等气象元素。干湿温度计悬挂应与扫描激光发射器保持在同一高度。地面三维激光扫描监测气象记录的内容应满足附录 C 要求。

6.1.8 每期扫描应绘制草图,标注测站位置与基准标靶的相对位置关系,填写地面三维激光扫描监测手簿。监测手簿扫描记录格式应满足附录C要求。

6.1.9 对基准标靶和监测标靶安置完好、稳固状况进行检查。

6.1.10 地质灾害的彩色影像采集应与扫描监测同期获取。

6.1.11 扫描期间应防止人员和其他设备在仪器周围、标靶附近移动或振动,禁止造成遮挡或触碰仪器及标靶。

6.1.12 扫描监测作业结束并确认获取的点云数据完整无误且满足要求后,应将扫描激光头归置原位,规整设备和线缆装箱,方可迁站。

6.1.13 对于扫描测站和监测标靶,应定期或视损毁程度采用全站仪对三维坐标进行测量或复测。

6.2 扫描测站布设

6.2.1 扫描测站的布设应符合下列规定:

   a) 依据地貌地形类型、扫描距离、角度等环境条件,合理确定扫描测站。扫描测站观测墩类型结构图可参考附录D图示。

   b) 扫描测站宜埋设在具有强制对中的观测点上,基础应埋置在冻土线以下不小于0.1 m处。

   c) 扫描测站必须布设在地质灾害可能变形或失稳的影响区外围,并应布置在视野开阔、基础稳固、便于安全保护的高处。

   d) 扫描站点的布设数量应按扫描监测水平扫描角度和垂直扫描角度的范围确定,并应满足数据拼接的方法和要求。不宜设置过多站点进行数据拼接。

   e) 利用点云数据进行匹配拼接时,数据获取要保证相邻站点扫描的目标体重叠度应不低于30%,困难地区重叠度应不低于10%。

   f) 重叠部位应选择光滑、规则、裸露条件较好的部位。

   g) 地质灾害表面形态复杂、通视条件困难或扫描路线有拐角时,应增加扫描站。对于"三角状孤立型"地貌地形类型,应不少于4个扫描站点;对于"凸型"地貌地形类型,应不少于2个扫描站点;对于"凹凸相间型"地貌地形类型,应不少于3个扫描站点。

   h) 对已有成果资料的控制点应对其适用性进行分析,当其位置、等级、坐标系统等符合扫描监测要求时,可作为扫描测站使用。

6.2.2 扫描测站的测量精度应符合下列要求:

   a) 扫描测站的测量精度应不低于本规程扫描监测精度。

   b) 扫描测站基准值(初始值),应使用全站仪或GPS仪器,连续、独立观测两次,合格后采用均值作为基准值。

6.3 标靶布设

6.3.1 标靶布设应符合下列规定:

   a) 标靶应布设在视野开阔、易于寻找、视线良好处,且扫描激光宜垂直入射标靶。

   b) 应根据扫描监测的距离确定标靶大小,严禁布设过远、激光反射强度衰减或无法到达标靶。

   c) 标靶应强制紧固安置,并应采取安全防护、保护措施。

   d) 标靶的主要类型和制作要求见附录E。

6.3.2 基准标靶布设应符合下列规定:

   a) 标靶应布设在远离并可能失稳的地质灾害体之外的稳固、安全区域。

   b) 基准标靶布设应在地质灾害的周边按全圆均分角度、错落有致、均匀分布,并宜覆盖扫描监测对象的范围。

- c) 严禁基准标靶布设在一条直线或偏向一侧,宜在扫描站点周围且构成一定的空间几何图形。
- d) 对于小区域地质灾害,基准标靶不少于4个;对于大区域地质灾害,每间隔300 m～500 m应布设1个基准标靶。
- e) 利用基准标靶作为数据拼接时,单个扫描站的基准标靶数量不应少于4个,相邻两扫描站的公共基准标靶个数不少于3个。

6.3.3 监测标靶布设应符合下列规定:

- a) 监测标靶的布置应根据地质灾害的范围大小、变形方向、失稳模式、地质环境、地形地貌特征进行布设。
- b) 监测标靶的网型应满足监测剖面和监测点构成的表面三维立体监测系统要求。
- c) 对于一级监测,监测剖面不应少于3条,监测标靶不少于5个;对于二级监测,监测剖面不少于2条,监测标靶不少于4个;对于三级监测,监测剖面不少于1条,监测标靶不少于3个。
- d) 对于崩塌、滑坡的主滑方向和滑动范围明确的,监测标靶可布设成十字形或方格形;当变形量具有2个以上方向时,监测标靶应按"剖面法"布设2条以上;当滑动方向和滑动范围不明确时,监测标靶宜布置成扇形;当崩塌、滑坡地质条件复杂时,监测标靶应采用任意网形。监测标靶网型布置及适宜性应按附录F执行。
- e) 对于推移式滑坡、坠落式或倾倒式崩塌,监测标靶应在地质灾害上部加密布置;对于牵引式滑坡、滑塌式崩塌,应在地质灾害下部加密布置监测标靶。
- f) 当监测标靶布设的"拟定纵向剖面"与崩塌、滑坡变形方向一致时,由中部向两侧对称布设;"横向剖面"宜与"纵向剖面"垂直,由中部向上下方向对称布设。
- g) 在滑坡体的鼓张带及崩塌体的拉张带部位,应加密布设监测标靶。
- h) 特危困难区域,明显的地物特征点可作为监测标靶使用。

7 数据采集

7.1 点云数据采集

点云数据采集应符合下列规定:

- a) 选择合格的扫描仪、扫描站点、基准标靶或定向标志,设置扫描范围、采样点间距等相关参数,对标靶和地质灾害区域进行扫描测量,获得一期的扫描监测数据。
- b) 对于已失稳崩滑地质灾害,应采集破坏区和堆积区的三维地质灾害表面点云数据。

7.2 纹理图像采集

纹理图像数据采集应符合下列规定:

- a) 使用外置相机进行图像采集宜使用不低于1 000万像素分辨率的数码相机。
- b) 宜选取能见度好、光线较为柔和、均匀的天气进行拍摄,避免逆光和高温时贴近地面拍摄。
- c) 能见度过低或光线过暗时不宜拍摄。
- d) 相邻图像之间应保证有不小于30%的重叠区域。

7.3 漏洞补测

对缺失或异常监测区域的点云数据应进行补扫或补测。补测应符合下列规定：
a) 数据补测应与扫描监测同时进行。
b) 补测的数据范围应与已扫描的点云数据有一定的重合。
c) 测点的密度及精度应能满足模型制作要求。

8 点云数据处理

8.1 降噪和编辑

8.1.1 对于获取的点云数据应进行降噪处理，去除噪声和非地面点。

8.1.2 降噪处理的点云应包括明显低于或高于地质灾害地表的植被、建（构）筑物等孤点或点群。

8.1.3 偶然噪点应包括数据获取过程中偶然因素导致的空中漂浮粉尘、飞虫、人员移动、机械活动、水面倒影等。

8.1.4 降噪方法宜采用自动、手工、自动和手工结合三种人机交互方式进行数据降噪处理。

8.1.5 裁剪掉与地质灾害监测建模无关的点云。

8.2 拼接与坐标转换

8.2.1 点云数据拼接与坐标转换顺序应符合下列规定：
a) 带有定平对中装置但无定向功能的扫描仪，宜先点云拼接后进行坐标转换。
b) 带有定平对中装置且有定向功能的扫描仪，在已知点设站时，宜先进行坐标转换后再点云拼接。
c) 无定平对中装置的扫描仪在未知点设站时，应视使用软件确定点云拼接与坐标转换的先后顺序。

8.2.2 对于先坐标转换后数据拼接的点云数据，拼接完成后应进行调整平差处理。

8.2.3 对地质灾害大变形扫描监测，当仪器架设在扫描测站或已知点上，且无基准标靶的数据拼接，应进行双轴补偿倾斜改正。

8.3 纹理映射

纹理映射处理应符合下列规定：
a) 图像出现曝光过度、曝光不足、阴影、相邻图像间的色彩差异等现象时，应进行色彩调整，保持图像反差适中、色彩一致，并保证图像细节清晰，无镶嵌缝隙。
b) 因视角或镜头畸变引起图像变形，应对图像的变形部分作纠正处理。
c) 利用相机与扫描仪几何参数将图像映射到点云，图像重叠区域应无明显色彩差异。

8.4 数据分类

8.4.1 对于扫描监测点云数据，可分为植被及噪音点、地质灾害表面点云和地物特征点三大类。

8.4.2 点云数据分类处理宜先滤波自动分类，后手工方式进行修正。主要分类方法有下列几种：
a) 自动分类，即利用相关软件功能，通过设置反射强度、回波次数、RGB、点云空间组织结构等参数，对点云进行自动分类。

b) 手工分类，即采用人工判别编辑方式，对自动分类未能判别分离或分类错误的点云重新进行手工分类。

8.5 数据精简

点云数据精简应符合下列规定：
a) 精简后的点云精度应满足相应监测等级成果制作要求。
b) 精简后点云间距密度应满足表5要求。

8.6 数据建模

8.6.1 模型制作应满足下列要求：
a) 对不同期次崩滑降噪后的点云数据分别构建DEM模型，建立与物体相应的实体模型。
b) 模型构建应采用三角网建模，对表达不合理的局部细节特征进行编辑修改。
c) 所构建的三维模型，应满足监测精度的要求。
d) 模型精度应符合表3的规定。

8.6.2 规则模型和不规则模型制作应符合下列规定：
a) 规则模型宜进行交互式建模，对于球面、弧面、柱面、平面等类型的规则几何体，应采用拟合方法制作模型。
b) 不规则模型宜采用曲面片划分、轮廓线探测编辑、曲面拟合等方法生成模型。

8.7 多期三维数据模型叠加

多期三维数据模型叠加应符合下列规定：
a) 根据扫面监测资料分析的目的和要求，可采用不同期次的数据模型进行叠加。
b) 统一DEM模型坐标系的精度，以第一期DEM为基准，对第二期DEM进行内插，统一格网点坐标。
c) 将前后两期、多期获取的点云数据实体模型，以基准标靶作为参照点，对数据模型叠加后得到崩塌、滑坡不同时段的地表变形模型。
d) 对叠加后的多期数据模型或实体模型，应通过基准标靶对叠加模型精度进行检查。

9 监测成果制作与分析

9.1 监测成果制作

9.1.1 地质灾害扫描监测成果可通过点、线、面(体)三种方式进行选择制作。

9.1.2 制作方法宜采用自动或拟合法和手工或特征点法两种方式。

9.1.3 变形点提取应符合下列规定：
a) 选取监测标靶点，并识别房屋转角点、构筑物拐角点、岩石尖角点地表特征点。
b) 对监测标靶，可采用软件自动计算拟合生成监测标靶点的靶心三维坐标。
c) 对于地表特征点，可采用人工指定明显特征点，通过拟合或分析计算方式，获取地表特征点的三维坐标。
d) 对采用监测标靶确定的变形点，应根据其安设高度，换算到地面，获取地表变形点三维坐标；对于采用特征点法，地面变形点可直接识别、判定获取。

e) 当监测标靶倾斜时,应对其进行数学关系处理或换算等恢复到地面变形点。

9.1.4 变形剖面线提取应符合下列要求：
  a) 监测剖面线为按要求布设监测标靶的固定剖面线。监测剖面线由多期数据模型叠加后,由软件识别生成。
  b) 分析剖面线为根据地质灾害变形分析需要,采取人工指定剖面位置或在多期数据模型上随机布设或者按照一定间隔选取的剖面线。分析剖面由人工量测地质灾害多期地表剖面线三维坐标,绘制剖面图。
  c) 计算多期地表线状目标,或者一定间隔的剖面线三维坐标变化量。

9.1.5 变形面(体)提取应符合下列要求：
  a) 多期三维数据模型叠加后,应统一公共监测区域和边界。
  b) 监测区域应包括地质灾害周边稳固区和变形区。
  c) 变形面(体)提取过程中,可选择不同期次三维数据模型(面与面)叠加,或变形点与三维数据模型(点与面)叠加。
  d) 量测多期地质灾害表面的重心坐标,计算地质灾害不同区域地面三维坐标变化量。

9.2 监测资料分析

9.2.1 扫描监测点云数据可靠性分析应包括下列内容：
  a) 扫描成果的可靠性,扫描基准、基准标靶的稳定性。
  b) 多期监测点、线、面的累计变形量及相邻测次的相对变形量、模型变化等值线图误差及可靠性分析。
  c) 不利影响因素的作用分析。
  d) 采用多种拟合方法对数据处理精度进行分析。
  e) 选择相关性最优的数据资料进行监测资料分析。

9.2.2 变形点监测资料分析应包括下列内容：
  a) 应根据监测标靶或地面特征点数据,分析相邻测次变形点的历时变形量、累计变形量及其变化规律。
  b) 计算地质灾害水平和垂直变化速率、位移变形量、位移合成矢量方向。
  c) 对地质灾害的变形阶段、稳定性做出定量分析。

9.2.3 变形剖面线监测资料分析应包括下列内容：
  a) 应按监测剖面和分析剖面类型,根据多期或相邻测次扫描监测剖面线提取成果。
  b) 直观反映出监测剖面线上的地质灾害变形量和变形趋势。
  c) 对发生变形破坏或堆积的部位做出判断。

9.2.4 变形面(体)监测资料分析应包括下列内容：
  a) 应根据多期或相邻测次扫描监测面或模型提取变形面(体)成果,直观反映地质灾害的局部细节或整体变形趋势。
  b) 通过软件计算或色阶图谱得到变形面或模型间的变形量值,绘制垂直位移等值线图,进行不同部位变形趋势分析。

9.2.5 多期扫描监测资料综合分析应包括下列内容：
  a) 多期扫描监测资料分析应采用比较法、曲线图法、特征值统计法和模型法等综合分析方法。

b) 应按点、线、面的变形分析数据,对地质灾害的整体、重要分区、重点部位等位移变形量、变形速率、变形方向进行综合、定量评价。
c) 对地质灾害的变形阶段、稳定性作定性分析。
d) 为地质灾害安全预警、预报提供依据资料。

10 监测报告编制

10.1 一般规定

10.1.1 地质灾害扫描监测资料分析应与监测频次对应,必要时应提交监测分析综合报告。

10.1.2 监测报告可根据需要每年(度)编制并提交。当合同或业主有明确要求时,应满足其要求。

10.1.3 地质灾害监测报告除形成纸质版报告外,还应生成标准格式电子文档。

10.2 编制要求

10.2.1 扫描监测报告编制内容应包括文字说明、附图、附表与影像资料等。

10.2.2 监测报告文字说明及要求应符合下列规定:
a) 内容丰富全面、章节条理清晰、结构层次合理、重点描述突出。
b) 点云数据处理及建模方法妥当、计算分析合规、结论意见可信、文字简洁顺畅。
c) 主要编制内容应符合附录 G 要求。

10.2.3 监测报告附图、附表及要求应符合下列规定:
a) 获取的点云数据资料来源有据可查、真实可靠。
b) 图表清晰美观、结构构架合理。
c) 统一分类编号。

10.2.4 扫描监测报告图像资料及要求应符合下列规定:
a) 纹理影像资料来源真实可靠。
b) 影像清晰。
c) 分别标明拍摄时间地点与方位等。

11 质量控制

11.1 质量控制要求

扫描监测质量控制应符合下列规定:
a) 扫描监测作业成果检查、验收应遵循"两级检查、一级验收"的原则。
b) 满足技术设计书的要求。
c) 质量检查验收应符合 GB/T 18316 的规定。

11.2 质量检查内容

11.2.1 点云数据质量检查的内容应包括:
a) 点云重叠度及完整性。
b) 点间距、点云噪声。
c) 点云相对精度、绝对精度。

d) 点云颜色信息。

11.2.2 DEM检查的内容应包括：
a) 规则模型应检查模型与点云数据符合性。
b) 不规则模型应检查模型与点云数据符合性、模型细节表达合理性、模型表面完整性、模型纹理等内容。

12 成果归档

12.1 成果归档要求

资料成果归档应满足下列要求：
a) 外业扫描、观测、数据处理等作业方法应规范、齐全。
b) 检查验收记录完整，各项指标明确。
c) 技术文档齐全、完整，内容真实、表述准确。
d) 各项作业记录、技术资料和成果应签署完整。

12.2 成果归档内容

成果归档应包括下列资料：
a) 地质灾害地面三维激光扫描监测技术设计书。
b) 扫描测站、基准标靶、监测标靶布设与测量记录资料。
c) 点云数据成果、三维模型成果资料。
d) 变形点、变形剖面线和变形面(体)提取成果资料。
e) 监测报告。
f) 其他相关资料。

附 录 A
（资料性附录）
崩塌、滑坡变形阶段的确定

崩塌、滑坡在其演化过程中一般将经历产生（出现变形）、发展（持续变形）、临灾（变形加速）到消亡（整体失稳破坏）的过程。在此过程中要经历初始变形、等速变形、加速变形3个阶段（图A.1）。空间上，崩塌、滑坡的地表裂缝会随着变形的不断增加形成完整配套的裂缝体系。

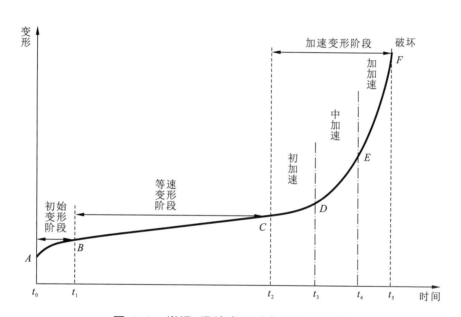

图 A.1 崩塌、滑坡变形演化阶段示意图

附 录 B
（规范性附录）
地面三维激光扫描监测技术设计书编写提纲

B.1 设计书的总体框架结构

设计书的总体框架应包括前言、监测区概况、地质灾害现状、监测现状、监测标靶布设及实施方案等。

B.2 地面三维激光扫描监测技术设计书编写提纲主要内容

根据工作目的及任务书或委托书要求，提出工作思路、扫描监测工作部署原则，并附相应的站点布设图。列出各项扫描监测工作的工作量，说明监测频次和监测工作进度安排。主要内容如下。

　　a）　前言

本部分应包括下列内容：项目来源、目的任务、监测现状、编制依据、监测等级、监测范围、监测频次、监测仪器的选择。

　　b）　监测区概况

本部分应包括以下内容：

　　　　1）　自然地理及社会经济概况。
　　　　2）　工程地质与水文地质条件。
　　　　3）　气候环境条件、地貌地形类型和植被发育状况。

　　c）　地质灾害发育现状

本部分应包括以下内容：

　　　　1）　地质灾害发育历史及现状。
　　　　2）　地质灾害稳定现状。
　　　　3）　地质灾害危害对象。

　　d）　地质灾害地面三维激光扫描监测站点的布设方案

本部分应包括以下内容：

　　　　1）　扫描测站、基准标靶布设方案。
　　　　2）　监测标靶网形布设方案。
　　　　3）　地表特征点选取位置和要求。
　　　　4）　监测方案的设计优化。

　　e）　工作方法及技术要求

本部分应包括以下内容：

　　　　1）　监测行进路线规划。
　　　　2）　仪器的选用。
　　　　3）　标靶的制安和埋设。
　　　　4）　扫描仪主要参数设置、点云间距及密度要求。
　　　　5）　数据处理的方法和要求。

  6) 数据建模及点、线、面变形量值的提取方法及要求。
  7) 监测资料分析方法和内容要求。
  8) 原始记录图表要求。
  9) 工作部署及进度安排。
f) 实物工作量

文字描述或列表说明总体工作部署和各类实物工作量。

g) 预期成果

应包括地质灾害扫描监测提交文字报告、图件、数据库等资料成果内容。

h) 经费预算

i) 组织机构及人员安排

说明扫描监测工作承担单位,列表说明项目组成员姓名、年龄、技术职务、从事专业、工作单位及在项目中分工和参加本项目工作时间等。

j) 质量保障与安全措施

说明保障扫描监测工作完成的技术、装备、质量、安全及劳动保护等措施。

B.3 附图

地质灾害地面三维激光扫描监测站点布设、部署图。

附 录 C
（规范性附录）
地面三维激光扫描监测手簿

C.1 地面三维激光扫描每个扫描测站应填写扫描记录，扫描记录的内容和格式见表 C.1。
C.2 标靶名称应根据扫描作业方式选填。

表 C.1 地面三维激光扫描监测手簿

项目名称： 扫描日期： 年 月 日 天气：

扫描仪器名称		扫描仪型号及编号	
扫描仪高度		监测站点名称	
观测点高度		观测点类型	
基准标靶编号		标靶类型	
监测标靶编号		标靶类型	
干温		气压	
湿温			
相邻测站		相邻测站位置关系图：	
扫描作业情况（相关参数、粗扫描、精扫描及扫描区域等）：		影像采集情况（重叠度、数量及其他）：	
测站位置描述：		标靶位置描述：	
测站与标靶位置示意图：			
备注：			
扫描单位：	作业员：	记录员：	

附 录 D
（资料性附录）
地面三维激光扫描观测点类型结构图

D.1 观测点类型可分为梯形柱体型和圆柱体型。

D.2 观测点基础应埋置在冻土线以下 0.1 m。

D.3 梯形柱体型观测点的式样和规格如图 D.1 所示；圆柱体型观测点的式样和规格如图 D.2 所示。

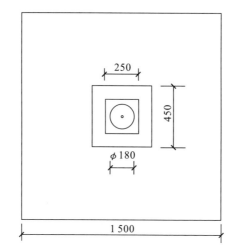

（a）梯形柱体型观测点俯视图

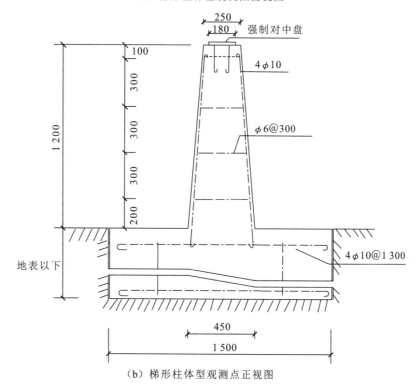

（b）梯形柱体型观测点正视图

图 D.1 梯形柱体型观测点结构图（单位：mm）

D.4 强制对中盘采用铜或不锈钢材料制作,可选用圆盘或正方形盘;护盖可采用铜、不锈钢或耐磨硬质塑料材料制作,其形状由强制对中盘形状决定。

D.5 图中观测点为钢筋混凝土柱标石,虚线为钢筋,基坑开挖深度可视实地地质情况而定。

D.6 图中观测点墩身采用高强度PVB直管,最小直径不小于250 mm。

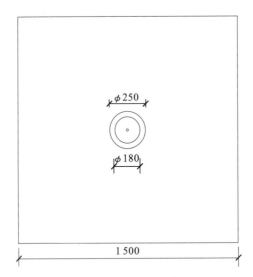

(a) 圆柱体型观测点俯视图

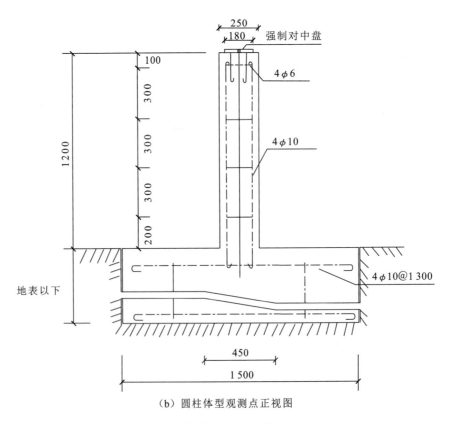

(b) 圆柱体型观测点正视图

图 D.2 圆柱体型观测点结构图(单位:mm)

附 录 E
（资料性附录）
地面三维激光扫描监测标靶类型

E.1 标靶的分类

    a) 标靶按监测用途可分为基准标靶和监测标靶。

    b) 标靶按形状通常可分为平面标靶和球形标靶。

E.2 标靶式样如图 E.1 所示。

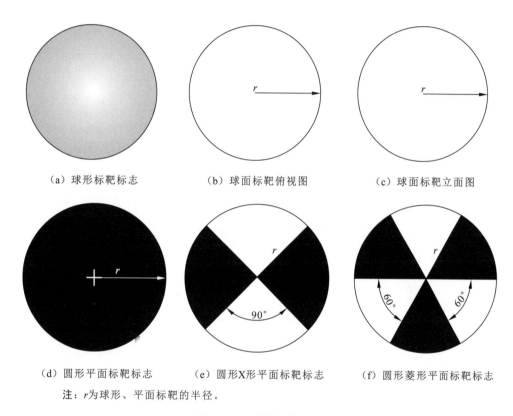

(a) 球形标靶标志　　　　(b) 球面标靶俯视图　　　　(c) 球面标靶立面图

(d) 圆形平面标靶标志　　(e) 圆形X形平面标靶标志　　(f) 圆形菱形平面标靶标志

注：r为球形、平面标靶的半径。

图 E.1 反射标靶标志

E.3 扫描标靶直径或大小应符合下列规定：

    a) 标靶的大小可根据崩塌、滑坡地质灾害的特点、监测等级、监测精度、采样点间距、扫描仪测程及范围大小具体而定。

    b) 标靶直径应大于该处崩塌、滑坡预计扫描点间距的30～50倍。

E.4 扫描标靶的制作材料应符合下列规定：

    a) 标靶的颜色应与现场地面形成巨大反差。可根据工程现场需要，选用黑、白、蓝、红等单色或两色相间的标志。

    b) 标靶选择反射强、不易褪色、表面光滑、防水抗老化、颜色鲜艳的材质，并根据价格便宜、携带方便、不易磨损等原则来决定。

附 录 F
（规范性附录）
地质灾害监测标靶网形布置

F.1 地质灾害地面三维激光扫描监测中，监测标靶的网形是监测实际工作中各种变形监测网监测标靶布设的总结和概化。监测标靶网形的布置及适宜性应符合表F.1的规定。

F.2 监测标靶的布设实际上并非如表F.1中所要求的严格和规矩，而是根据地形条件，地质灾害可能的失稳机制，变形破坏起始位置，地表呈现的变形程度的差异、分区，扫描监测通视条件等综合因素确定，布设既能全面控制，又能主次区分，整体能反映地质灾害变形特征的变形监测网。

表F.1 崩塌、滑坡监测标靶网形布置及适宜性一览表

型网	布置特征	适用条件
十字形网	纵、横向测线成十字形，测线上布测点上	范围不大，平面狭窄形崩塌、滑坡
方格形网	多条纵、横测线组成方格网，测点位于交叉点上，其变异网形有丰字形、廿字形、卅字形等	监测精度高，适用于地质结构复杂、具有分区或分块的崩塌、滑坡群
三角（或放射）形网	监测标靶布成三角或射线状，测线上布监测标靶点，方向应正对监测站（墩）	适合平面呈大致三角形的崩塌、滑坡
对标形网	在滑带、裂缝两侧布设，监测标靶对标的位移、后缘的标靶尽可能布在稳定岩土上。此网为其他网布设困难时用	适合重点部位监测，无法兼顾全面
多层形网	地表布设上栏中任一网形，监测不同高程、部位的变形	适合厚度大、垂向有次滑面、垂向岩土体结构变化大的崩塌、滑坡

T/CAGHP 018—2018

附 录 G
（规范性附录）
地面三维激光扫描监测报告编制内容

G.1 监测报告主要内容有：
    a) 工程概况。
    b) 监测依据。
    c) 监测方案编制与实施。
    d) 地面三维激光扫描监测设备叙述（包括仪器设备名称、性能、精度、校验等）。
    e) 扫描测站布设。
    f) 基准标靶和监测标靶的布设。
    g) 点云数据获取与处理。
    h) 模型构建与成果提取。
    i) 监测资料分析。
    j) 结论意见。

G.2 扫描监测报告附图、附表名称等主要内容有：
    a) 地质灾害区工程地质和水文地质图。
    b) 地质灾害分布位置图。
    c) 地质灾害剖面图。
    d) 地面三维激光扫描监测站点、基准标靶、监测标靶布设图。
    e) 位移矢量图（水平位移矢量图、垂直位移矢量图、位移与深度曲线图）。
    f) 模型叠加分析图。
    g) 位移与历时曲线图。
    h) 各变形监测记录表。
    i) 其他图表。

G.3 扫描监测报告影像资料主要内容有：
    a) 地质灾害原始地形地貌的影像资料。
    b) 地质灾害影响范围内裂缝、鼓胀的影像资料。
    c) 各监测频次内、外置相机纹理图像资料。
    d) 地质灾害失稳前、后的影像资料。
    e) 地质灾害巡视巡查及其他影像资料。